NOTES MÉDICALES

SUR

L'ANCIENNE FLANDRE

(II et III)

Par M. A. FAIDHERBE

Membre de la Société d'Émulation de Roubaix
et de la Société anatomo-clinique de Lille.

LILLE,
AU BUREAU DU JOURNAL DES SCIENCES MÉDICALES
56, RUE DU PORT

1890

DU MÊME AUTEUR :

Les Médecins des Pauvres et la santé publique en Flandre et particulièrement à Roubaix. — Roubaix, 1889.

Notes médicales sur l'Ancienne Flandre. — I. Les Hôpitaux. — Lille, 1889.

NOTES MÉDICALES

SUR

L'ANCIENNE FLANDRE

(II et III)

Par M. A. FAIDHERBE,

Membre de la Société d'Émulation de Roubaix
et de la Société anatomo-clinique de Lille.

LILLE,
AU BUREAU DU *JOURNAL DES SCIENCES MÉDICALES*,
56, RUE DU PORT.

1890.

NOTES MÉDICALES

SUR

L'ANCIENNE FLANDRE

Par M. A. FAIDHERBE,
Membre de la Société d'Émulation de Roubaix
et de la Société anatomo-clinique de Lille.

II. — Les Médecins des Princes.

On sait qu'autrefois les maisons des rois et des princes, et même celles des seigneurs de marque étaient organisées sur un pied que bien peu de cours atteignent aujourd'hui ; on a relaté bien des fois le nombre inouï d'officiers et de serviteurs de tout rang et de toute espèce que renfermaient, par exemple, les palais de France pour le service du roi et de sa famille.

Parmi ces divers fonctionnaires prenaient rang nécessairement les médecins et les chirurgiens, voire même les apothicaires : tout homme de condition avait un ou plusieurs praticiens attachés à sa personne et l'on sait quelle influence ils acquiéraient, surtout lorsqu'ils avaient un esprit délié ou qu'ils savaient mêler à l'exercice de leur art un semblant de sorcellerie. Est-il besoin de rappeler Olivier le Daim, à la fois chirurgien-barbier et conseiller intime de Louis XI? Du reste, indépendamment de cette situation exceptionnelle que certains réussissaient à se créer, la plupart arrivaient à s'amasser une belle fortune par suite de leur traitement élevé et du casuel important qui leur était accordé.

Beaucoup de médecins surtout jusqu'aux XVe et XVIe siècles, étaient clercs et recevaient par suite un canonicat ou une autre prébende ecclésiastique en plus de leur traitement ; c'est ainsi que Lothaire II accordait à son médecin Hansard un important bénéfice, dépendant de l'église de Maroilles (1). Du reste, le traitement du médecin du roi comprenait au moins à certaines époques deux parties, l'une en nature, l'autre en argent ; en 1408, par exemple, d'après les comptes du trésorier, le médecin recevait chaque jour les vivres pour cinq personnes, plus une somme annuelle de 600 livres, représentant environ 26,400 fr. de notre époque et le chirurgien avait droit aux vivres pour trois personnes et à une pension de 300 livres, soit approximativement 13,200 francs (2).

En Flandre, les médecins attachés à la personne des princes n'étaient pas moins bien traités que ceux du roi de France : on sait que les souverains du pays se sont, en effet, toujours piqués de générosité. Les quelques pages qui suivent, permettront, du reste, d'en juger.

Le premier médecin (3) dont nous ayions trouvé trace, est Brission de Thyans, *physicien* de la comtesse Marguerite : Brission était clerc et reçut de sa protectrice, outre un canonicat de l'église Sainte-Waudru à Mons, plusieurs fiefs et notamment deux parts de terre entre Haulchin et Prouvy. Il eut pour successeur Godescalc que Marguerite estimait beaucoup ; non contente de le combler de faveurs pendant sa vie, elle accorda à son fils Éloi une rente viagère de 6 livres (2,000 fr.) (4).

Le fils de Marguerite, le comte Gui, eut pour médecin un nommé Jean le Bœuf qui quitta son service au mois d'avril ou de mai 1288 ; pour lui exprimer sa satisfaction et ses regrets, il lui accorda une rente viagère comme on le voit par une lettre de Ruffin de Ficcelo, chanoine de Paris et d'Odon de Sens, chanoine et official de Reims que Jean le Bœuf avait chargés de toucher sa pension (5).

---

(1) Archives dép. du Nord, B-1.
(2) Appréciation de la fortune privée au Moyen-Age, par Leber, p. 68.
(3) M. Edward Leglay qui, dans son Histoire des Comtes de Flandre, donne l'organisation de leur cour sous Robert le Frison, (1070-1093), ne parle pas des médecins : il en existait cependant certainement.
(4) Archives dép. du Nord, B-1561 et 1564.
(5) Ibidem, B-256.

Louis de Mâle eut pour physiciens d'abord Jean de la Plache et plus tard Jean de Heusdine ou de Huesdaing à qui il concéda une *chanoinie* et une prébende dans l'église de Courtrai. A la mort du comte, le duc de Bourgogne reprit Jean de Huesdaing à son service comme le montrent les quittances que ce praticien a signées de 1395 à 1397 (1). Son successeur fut Pierre Miotte, médecin à la fois du duc de Bourgogne et du comte de Charolais qui, en janvier 1410, lui envoyait dix aunes d'écarlate pour se faire un habit de cour.

Jean-sans-Peur avait à la même époque un autre médecin plus important, Guillaume Bourgeois, chanoine de St-Donat, qui portait le titre de premier médecin du duc : comme il avait une grande influence sur l'esprit du prince, les villes et les particuliers cherchaient à l'envi à obtenir sa faveur : c'est ainsi qu'en 1410 la ville de Bruges lui fit offrir une coupe d'argent du prix de 36 livres 19 escalins pour avoir son appui dans une affaire pendante (2).

Ensuite vint Jacques Sacquespée qui fut traité aussi largement que ses prédécesseurs : en mai 1419 son maître lui faisait donner un superbe mulet « pour avoir visité icellui notre neveu (le comte de St-Pol) par longtemps en sa maladie » ; ce présent avait sa valeur, le mulet, ou plus souvent la mule, étant à cette époque la monture ordinaire des médecins.

Après Sacquespée, ce fut Nicole de le Horbe qui obtint la confiance de Jean-sans-Peur : outre de nombreuses gratifications, le prince lui accorda le titre de conseiller qui, à partir de cette époque, fut porté par presque tous les médecins des ducs de Bourgogne (3). Philippe-le-Bon à son avénement lui laissa ses titres et ses fonctions ; plus tard il choisit successivement ou peut être simultanément maître Roland Lécrivain, doyen de St-Donat de Bruges (1444); maître Jacques Despartz (1445), Henri de Zwolls ou de Zwollis (1446) et Jean Avantage, prévôt du chapitre de St-Pierre de Lille. Le duc concéda à ce dernier une terre, nommée la Garde, située au-delà de la Deûle près du palais de la Salle, et l'autorisa à en prendre le nom (4).

Charles le Téméraire eut également plusieurs médecins attachés concurremment à son service, car on trouve des quittances, datées de

---

(1) Archives dép. du Nord, B-1262, 1566 et 1858.
(2) Analectes médicaux de Bruges, par le Dr Demeyer, p. 73
(3) Archives dép. du Nord, B-1483.
(4) Ibidem, B-1605, 1978 et 1988.

1466 à 1468 et signées de Simon de Lécluse et Guillaume de Fère, *conseillers phisiciens de monseigneur*. En 1473, c'est Louppe de la Garde ou de la Garda (Lupus della Garda), qui remplit ces honorables fonctions : lorsque la maison de Bourgogne se fut éteinte pour faire place aux princes espagnols, Louppe de la Garde devint physicien des enfants de l'archiduc Philippe-le-Beau (1).

Non content d'être médecin, il avait étudié le droit comme nous l'apprend un manuscrit, rédigé en 1537 par une sœur du couvent de Notre-Dame de Sion à Bruges, où on lit : « *meester Lupus de la Garde ruddere, doctor in medicinen, ende ooc meester ende doctor in der rechten ende upperste raetsheere van den heere coninc*, etc... »

En 1476, Charles fait remise à un autre de ses médecins Robert du Houvice des droits de vente d' « une demie arche soubz la halle de Bruges ».

Du reste Charles, en tant que duc de Bourgogne, avait un service médical des plus complets puisqu'il avait près de lui six médecins et quatre chirurgiens, comme on le voit dans le passage des mémoires d'Olivier de la Marche que nous reproduisons en note d'après la *Gazette des Hôpitaux* (2).

---

(1) Archives dép. du Nord, B-2097 et 2178.

(2) « Le duc a six docteurs-médecins, et servent iceulx à visiter la personne et l'estat de santé du prince. Et quand le duc est à table, iceulx médecins sont derrière le bancq, et voient de quoy et de quels metz et viandes l'on sert le prince, et lui conseillent, à leurs adviz, lesquelles viandes luy sont plus prouffitables ; ils peuvent à toutes les heures en la chambre du prince et sont gens si notables, si bons et si grans clercs qu'ilz peuvent estre à beaucoup de conseilz huchiez et appelez ; ils ont plat à court comme le premier sommellier, mais ilz n'ont point de chambre ordinaire. Le duc a quatre surgiens ; ces quatre servent pour la personne du duc, et pour ceulx de son hostel et autres ; et certes ce ne sont point de ceulx qui ont le moins à faire en sa maison ; car le prince est chevalereux, et de tel exercice de guerre, que par bleceure de cop à main, de trait à pouldre, ou aultrement, il a bien souvent de gens bleisez en sa maison et en ses ordonnances, que, tant pour le grant nombre que pour les divers lieux ou les bleciés sont, cinxuante surgiens deligens auroient assez à besoigner, à faire leur devoir des cures qui y surviennent. Et pour ceste cause a ordonné le duc en chascune compaignie de cent lances un surgien. Iceux quatre surgiens du duc ne prendrent rien des compaignons etrangers ne des povres qui sont ou service du prince, et s'attendent à luy pour leurs oignemens et drogueries de satisfaction, et peuvent en la chambre à toutes heures comme les médecins. » Mémoires d'Olivier de la Marche, tome IV, page 16 et seq.

On voit par cette citation que si les médecins étaient bien payés, leurs fonctions n'étaient pas une sinécure : mais au moins ils jouissaient d'une légitime considération et étaient honorablement traités par leur maître.

Louppe de la Garde partageait le soin des enfants de Philippe-le-Beau avec un confrère Lambert van Porte, tandis que le médecin de l'archiduc même était maître Libéral Trevisan ou de Trévysan (1). Devenu roi de Castille, Philippe augmenta sa maison en proportion de sa nouvelle position et adjoignit à Libéral Trévisan, Jacques Richardi et Henri Vellis. Peu après en 1504, il expédiait de nouvelles lettres de commission pour conférer les titres de conseiller et de médecin royal à Pierre Mathys-Crétici, docteur en médecine (2) : celui-ci ne jouit point longtemps de sa nouvelle situation, car on payait en 1506 l'arriéré de son traitement à « *Marc Mathy, dit Cretici, fils et héritier de feu maître Pierre Mathy-Cretici, en son vivant physicien du Roi* (3). »

Du vivant même de leur père, l'archiduc Charles qui devait être plus tard Charles-Quint, et sa sœur, l'archiduchesse Marguerite d'Autriche, avaient leurs médecins particuliers : Charles eut Ferdinand Édouardi qui mourut en 1513, puis Louis de Marléan auquel il donna le titre de conseiller en 1516 (4), et ensuite Libéral Soverinco dont il légitima en 1524 le fils César-Libéral. Marguerite prit d'abord pour médecin maître Pierre Picot ou Picquot, docteur en médecine, à qui elle accorda en 1518 ou 1519 une pension de retraite « *considérant son ancien eaige et débilitacion* » : Picot mourut du reste avant de l'avoir reçue et ce fut sa veuve Jacqueline Guy qui en jouit. C'est à Jean-Marie de Bonnisiis, docteur en médecine que fut accordée la charge de Picot avec un traitement fixe de 300 livres, soit environ 6,000 fr. (5).

A la même époque, en 1534, on demandait au médecin de la duchesse de Lorraine de venir à Bruxelles soigner la reine d'Espagne de concert avec les médecins ordinaires de Sa Majesté : il séjourna

---

(1) A « maistre Libéral Trévisan, phisicien, à cause de quarante-neuf jours, commençant le IVe jour de may, qu'il a esté continuellement, avec autres nos phisiciens et cyrurgiens, devers nostre très-chière et très-amée compaigne l'archiduchesse pour l'aider à garir de certaine maladie dont elle estoit malade... » Archives dép. du Nord, B-2170.

(2) Archives dép. du Nord, B-2187 et 2189.

(3) Ibidem, B-2197.

(4) Ibidem, B-2236 et 2254.

(5) Ibidem, B-2368.

près d'elle plus d'un mois et reçut en tout 510 livres, dont 400 pour « *ses paines et travailz qu'il avoit euz à l'entour de laditte Royne durant sa ditte maladie et les 110 livres pour ses despens de bouche, logis et de ses serviteurs et chevaulx qu'il avoit fait durant son sejour audit Bruxelles.* » (1). L'année suivante, la reine avait pour médecin de corps le docteur Jacques de Herkoing à qui elle donnait 50 livres pour quelques mois de service. (2).

Après son élévation sur le trône d'Allemagne, Charles-le-Quint eut encore en Flandre deux médecins dont l'un arriva à une haute fortune. Le premier, *mattre Cornelius-Henricus Mathisius*, était, croyons-nous, de la même famille que Pierre Mathys-Crétici, médecin de Philippe-le-Beau : il fut au service de Charles-Quint jusqu'à la mort de ce prince avec le titre d'archiâtre et reçut à cette époque une somme de 800 livres (12,000 fr.) en récompense des bons services qu'il lui avait rendus (1563). Après sa mort, survenue à Bruxelles le 29 juin 1565 par suite d'une chûte de cheval, sa veuve Marie Mordaens, et ses filles Marie et Antoinette furent gratifiées d'une pension dont chaque terme valait 133 livres, 6 sols, 8 deniers (1569). (3).

L'autre médecin était le *chevalier Corneille de Baersdorp* (parfois on écrit Van Braendorp), natif de Bruges : docteur en médecine et auteur de plusieurs ouvrages médicaux (4), estimés à cette époque, il fut investi de la faveur impériale, créé tour-à-tour médecin-conseiller de Charles V, comte palatin, et comblé de richesses. Il mourut à Bruges le 24 novembre 1565 et fut enterré à St-Donat : on mit sur sa tombe l'épitaphe suivante :

« *Ci-gist Messire Cornille de Baersdorp, chevalier, en son vivant Conseiller et Archi-Médecin de feu Empereur Charles V et de Madame Léonore Reyne de France et de Marie Reyne de Hongrie, qui mourut le 24 novembre de l'an 1565.* » (5).

---

(1) Archives dép. du Nord, B-2380.
(2) Ibidem, B-2393.
(3) Ibidem, B-2561, f° 253 v° et 2601.
(4) Entre autres : « Methodus universæ artis medicæ formulis expressa ex Galeni traditionibus, quâ scopi omnes curantibus necessarii demonstrantur, in quinque partes dissecta. — Brugis Flandrorum. Hubertus Crocus, 1588, in-folio »
(5) Analectes médicaux de Bruges, par le Dr Demeyer, p. 145.

Après la mort de Charles-le-Quint, les souverains de Flandre, rois d'Espagne ou empereurs d'Allemagne, ne résidant plus dans le pays, n'y eurent plus de médecins attachés.

Autrefois les médecins devaient s'en tenir exclusivement à la partie de l'art médical qui regarde la pathologie interne, mais ils ne pouvaient opérer par eux-mêmes, d'autant que la plupart étant clercs se seraient souillés en faisant couler le sang : aussi la pratique de la chirurgie était-elle exclusivement réservée aux chirurgiens qui maniaient à la fois le rasoir et le bistouri, faisant tour à tour la barbe et les amputations. Certains praticiens acquéraient pourtant une grande habileté et se firent une réputation étendue.

Parmi les chirurgiens des comtes de Flandre, il nous faut citer Jean Van den Berghe qui était attaché à Louis de Mâle et reçut toute sa vie une forte pension sur la cassette du prince. Philippe-le-Bon eut d'abord à son service Josse Bruninc, que consultaient nombre de grands personnages de l'époque : en récompense de ses bons soins, le comte de Beaujeu lui donna dans le courant de 1450 une somme de dix écus d'or (1). Son second chirurgien fut Jacques Candel, chanoine de St-Omer qui en 1444 recevait 100 livres, soit environ 3,000 fr., « *tant pour sa pension, comme pour droguerie, pour nous, pour nostre très-chière et très-amée compagne la duchesse, pour nostre très-chier et très-amé fils le conte et pour nostre très-chière et très-amée fille la contesse de Charolais* » (2).

Son fils Charles eut un chirurgien Guillaume du Bois ou Van den Bossche, qui lui servait en même temps de valet de chambre et qu'il affectionnait tout particulièrement. A trois reprises, et notamment de St-Omer le 4 mai 1469, et de La Haye le 2 septembre de la même année, il écrivit au magistrat de Malines pour demander de nommer Guillaume chirurgien de la ville. Le 8 mai 1475, il écrivait de nouveau de Péronne, cette fois pour prier de lui donner la jouissance des mairies de Heffen et de Leest. (3).

Charles-Quint choisit Pierre de Dieghem qui, bien que docteur en

---

(1) Archives dép. du Nord, B-1558.

(2) Ibidem, B-536.

(3) Archives de Malines, III, 193-216 et 200-226.

médecine, se consacrait exclusivement à la pratique de la chirurgie, tandis que l'archiduchesse Marguerite avait pris Pierre Desmaitres, maître en chirurgie.

A côté des médecins attachés à la personne des comtes de Flandre, il s'en trouvait d'autres au service des seigneurs de leurs domaines. Jeanne de Bretagne, dame de Cassel, avait en 1335 deux physiciens, l'un Jean de Poligny à qui elle donnait une chapellenie dans son château de Nieppe et Richard de Vérone qu'elle avait fait venir exprès d'Italie (1). Yolande de Flandre qui lui succéda, nommait en 1370 Nicolas de Bauseiz chirurgien de sa fille, la comtesse de Bar (2). En 1435, le comte d'Estampes, l'un des seigneurs de la cour du duc Philippe, avait un chirurgien particulier, Nicolas le Rat; mais, fait assez singulier, ce praticien était payé par le duc lui-même, comme le montre un ordre de payement de cette année (3). En 1549, Anne d'Autriche, princesse douairière d'Espinoy, assignait une pension de 20 rasières de bon blé à son médecin, Nicole Godin. Trente années plus tard, Charles de Croy, prince de Chimay, prenait pour son archiâtre le docteur François Rappaert ou Rapsaert, l'un des savants les plus remarquables de son époque, surnommé le *fléau des charlatans*. Rappaert le guérit en 1583 « *d'une fieure pestilencieuse et la pourpereulle auec telle violence qu'avoit esté abandonné des médecins et iugié à la mort...* » (4).

Bien qu'ils n'aient point été attachés à des seigneurs de Flandre, nous citerons aussi André de Backere et Pierre Browne qui naquirent dans le comté. André de Backere, né à Poperinghe, s'acquit une immense réputation et devint archiâtre et conseiller du duc de Brunswick en 1598 : il mourut à Leyde et fut enterré dans l'église Saint-

---

(1) Archives dép. du Nord, B-726, 737 et 1573. Il faut noter la confiance dont jouissaient partout les médecins italiens, sans doute parce qu'ils faisaient plus de sorcellerie que de médecine.

(2) Ibidem, B-1574.

(3) Ibidem, B-1506.

(4) Analectes médicaux de Bruges, par De Meyer, p. 142 et 155.

Pierre (1). Le second, né à Bruges, devint médecin de Joseph, roi de Portugal et mourut à Oporto en 1760.

Avant de terminer cet article, nous devons ajouter que les princes faisaient parfois appel à leurs médecins pour tout autre chose que pour l'exercice de leur art. Philippe-le-Bon fait payer en 1446 « *à maistre Henry de Zwols, docteur en médecine, nostre phisicien, la somme de trois cent saluz d'or, du pris de quarante-huit groz sur l'ouvraige d'ung orloge, contenant le vray cours des sept planètes que ledit maistre Henry a fait pour nous.* » (2).

En 1469 et en 1470 Charles-le-Téméraire envoyait à Gand son physicien, maître Simon de Lescluse, comme commissaire pour le renouvellement du magistrat.

L'archiduc Charles et son père faisaient remettre en 1509 la somme de soixante-dix livres à maître Gabriel de la Serre, docteur en médecine, pour « *ung livre contenant la généalogie et descente de leurs prédécesseurs et d'eulx* » qu'ils lui avaient demandé (3).

---

(1) On mit sur sa tombe les deux inscriptions suivantes :
D. O. M. S.
Et æternæ memoriæ
Andreæ Racchæri, Poperingani Flandri,
Qui cum artis medicæ peritia inter primos
Artis suæ censeretur,
Cumque principib. XXXIII, comitib. XIII raro
Exemplo approbasset,
Lugdunumque Batavorum (vitæ aulicæ et
Honorum satur) secessisset,
Annos LXX natus,
Deo et naturæ ibidem concessit
Prid. Kalend. Decemb. anno M D C XVI.
Conjugi optimo, optimo patri, uxor et liberi.
M. H. P. C.
D. Andreas Baccherus,
medicinæ doctor,
Quordam illustriss. Ducum Brunswicensium
per XVIII annos archiater et consiliarius,
beatam resurrectionem hic expectat.
Analectes médicaux de Bruges, par Deméyer, p. 165.

(2) Archives dép. du Nord, B-1992.

(3) Archives dép du Nord, B-2210, f° 352.

Notons enfin que dans les circonstances assez rares où ils ne se mirent point eux-mêmes à la tête de leurs armées, les souverains de Flandre envoyèrent généralement un de leurs médecins ou chirurgiens pour accompagner leurs troupes et donner les soins nécessaires aux malades et aux blessés.

III. — Les Apothicaires.

« Les anciens Médecins à commencer par Hippocrate étoient Médecins, Apothicaires et Chirurgiens. Dans la suite le Médecin a été partagé en trois, non qu'un ancien vaille trois modernes, mais parceque les fonctions qui y sont nécessaires sont trop augmentées ». Ainsi s'exprime Fontenelle dans son Eloge de Lémery avant d'exposer la lutte que soutint ce dernier pour obtenir le droit de pratiquer simultanément la médecine et la pharmacie.

Si primitivement en effet l'exercice de la médecine et de la pharmacie appartenait aux mêmes personnes, la séparation de ces deux professions se fit d'assez bonne heure, semble-t-il. L'extension, donnée à chacune d'elles, exigeait tant de travail et de soins qu'on jugeait le fardeau trop lourd pour un seul homme et si ce qu'on sait des relations entre la médecine et la chirurgie au Moyen-Age ne permet pas d'admettre de semblables raisons comme causes de la disjonction de ces deux branches de l'art de guérir, il paraît naturel qu'elles soient vraies pour la distinction, établie entre la médecine et la pharmacie.

Bien souvent les apothicaires furent des chercheurs du grand œuvre, des poursuivants acharnés de la pierre philosophale et de l'élixir de longue vie, gaspillant leur temps et leur fortune à la recherche de transformations impossibles et de créations fantastiques: aussi était-il difficile aux médecins ordinaires, forcés de visiter leurs malades et de voyager sans cesse, de consacrer un temps suffisant aux préparations de l'alchimie plus ou moins médicale d'alors. Boerhaave, qui menait de front la pratique de la médecine, et l'étude de la chimie et de la pharmacie, fut accusé à juste titre d'avoir admis dans son traité des opérations qu'il n'avait pas vérifiées lui-même, faute de temps, et qui se trouvèrent défectueuses. Qu'eussent fait les autres si un des maîtres de la science se permettait d'agir ainsi? Il était donc utile que la médecine et la pharmacie fussent séparées et c'est ce qui advint dans la pratique.

Mais dès que la scission fut commencée entre les deux professions, elle fut bientôt complète et consacrée non-seulement par l'usage, mais encore par les lois : d'un côté, en admettant l'existence des apothicaires, il était juste de leur réserver l'exercice exclusif de leur art afin de leur permettre d'en subsister; de l'autre, on prétendait non sans raison peut-être que « le bon ordre exige que la vie des citoyens ne dépende jamais d'un seul homme (1) »; enfin on craignait que la réunion de la médecine et de la pharmacie ne poussât les médecins-apothicaires à commander des médicaments en trop grande quantité par espoir de lucre, mais au détriment des malades (2).

Les apothicaires, une fois séparés des médecins et des chirurgiens, formèrent des corporations au même titre que les autres corps de métiers; mais comme leur importance numérique était trop faible, ils s'unirent le plus ordinairement aux épiciers, aux ciriers ou aux graissiers pour former un corps mixte. Des règles leur furent imposées par les magistrats des villes qu'ils habitaient ou par les souverains du pays, tant pour la conduite générale de la corporation que pour le travail professionnel de chaque membre : une surveillance active fut exercée sur eux. Telles furent les origines du Codex et de la visite des pharmacies.

§ 1. — *Le Droit d'Exercice. Privilèges et Obligations des Apothicaires.*

Pour être reçu maître apothicaire, les conditions variaient suivant les diverses villes de Flandre : le pays, étant en effet morcelé en plusieurs parties, appartenant tantôt à un souverain, tantôt à un autre, subissait des lois différentes suivant les époques, tout en conservant

---

(1) Mémoire présenté au Conseil des Dépêches en 1762 par la Faculté de Médecine de Paris.

(2) Fontenelle, dans l'Eloge de Lémery, dit à ce sujet : « L'amas immense des remèdes, ou simples ou composés, qui sont en usage, sembleroit promettre l'immortalité, ou du moins une sûre guérison de chaque maladie, mais il en est d'eux comme de la société, où l'on reçoit quantité d'offres de service et peu de services, dans cette foule de remèdes nous avons peu d'amis ».

ordinairement ses privilèges locaux qui augmentaient d'autant la multiplicité des coutumes. Aussi malgré les nombreuses ordonnances des rois de France et d'Espagne ou des empereurs d'Allemagne qui réglementaient la situation des apothicaires, voyons-nous Lille, Douai, Bruges, Ypres et d'autres villes encore décréter des mesures spéciales. Bien des fois du reste ces ordonnances tombaient en désuétude par l'effet du temps et il devenait urgent de les rééditer pour rappeler les intéressés à l'observation des lois : des procès furent souvent la conséquence de cette transgression et mirent en mouvement jusqu'aux plus hautes cours du royaume.

Au début les conditions, requises pour être reçu maître apothicaire, étaient d'avoir étudié plusieurs années chez un apothicaire titulaire et d'avoir passé un examen devant le Serment de la corporation : mais plus tard les conditions furent mieux définies et exactement réglées.

A Bruges, le règlement de 1582, publié par le Magistrat de la ville, fait défense de tenir officine de pharmacien ouverte, si l'on n'a étudié la pharmacie *trois ans* durant et subi un *examen théorique et pratique* devant le Serment des Epiciers-Droguistes (1). A Ypres, la même règle est établie un peu plus tard par le Magistrat, comme on le voit dans le recueil des « *Ordonnantien ende statuten van de docteuren, apothicarussen, en chirurgiens* (2) ». Dans la Flandre Française et dans les pays, tels que le Hainaut et le Cambrésis qui relevaient du Gouvernement de Flandre, les conditions étaient encore plus difficiles, ainsi que le montre le règlement, homologué en 1699 par le Parlement de Douai. On y lit en effet que, pour être reçu maître apothicaire, il faut avoir étudié dans un collége *jusques en rhétorique inclusivement*, avoir été trois ans dans une officine, et avoir subi un examen en présence de deux échevins, de deux docteurs et du mayeur des apothicaires : cet examen consistait en questions sur la *connaissance des simples, le temps de leur cœuillette, mélange, conservation, et recettes ordinaires* et en confection d'un chef-d'œuvre qui devait être un *opiat, un électuaire liquide ou solide et un onguent ou emplâtre*.

Les maîtres apothicaires ainsi reçus pouvaient ouvrir une officine et y débiter leurs drogues sous réserve des règlements, édictés soit par

---

(1) Analectes Médicaux de Bruges, par Demeyer, p. 154.
(2) Tot Ipre uyt de druckerye van Joannes-Baptista Moerman, 1690.

leur corporation, soit par le magistrat de la ville, soit par le souverain, comme nous l'avons dit plus haut. Les corporations, constituées par tous les maîtres et par leurs élèves ou apprentis, étaient régies par un Serment ou Conseil : ce Serment, élu par les maîtres et pris dans leur sein, comprenait le plus souvent un Doyen ou Mayeur, président ayant toute l'autorité de la corporation et la représentant dans toutes les circonstances ; puis des Jurés ou Anciens, assesseurs désignés en plus ou moins grand nombre pour discuter les affaires de la corporation, juger les questions professionnelles, connaître des difficultés qui s'élevaient entre les membres et examiner les demandes d'admission de nouveaux maîtres et apprentis.

Quelquefois, malgré l'usage, le Doyen était choisi par le Magistrat pour commander la corporation : il en était ainsi à Lille. De plus, en dehors du Doyen et du Serment, existait un autre fonctionnaire, le Connétable, chargé du commandement des hommes fournis par la corporation. A Dunkerque par exemple, le 12 juillet 1755, le Doyen en charge, l'Ancien Doyen et le Serment du corps des Apothicaires prient le Magistrat de donner l'investiture au Connétable qu'ils se sont choisi (1).

Le plus souvent, les apothicaires, trop peu nombreux pour former seuls une corporation, se réunirent à d'autres corps de métiers : ordinairement c'est avec les épiciers que se fait cette jonction d'autant plus naturelle que ceux-ci prenaient presque partout le titre d'épiciers-droguistes. Cette union plus ou moins volontaire, devint plus tard officielle et indissoluble : elle fut en effet consacrée par les arrêts de Louis XII en 1514, de François Ier en 1516 et 1520, de Charles IX en 1521, d'Henri III en 1583, d'Henri IV en 1598 et de Louis XIII en 1611, 1626 et 1638. Pour la Flandre Impériale, la même situation fut confirmée par le règlement, édicté en 1774 par l'Impératrice Marie-Thérèse. Enfin, dans certaines localités, des accords intervinrent entre les apothicaires et les épiciers-droguistes d'une part, les graissiers et les fabricants d'huile et de savon d'autre part (2).

Les corporations des Apothicaires et des Épiciers avaient leurs

---

(1) Analectes et Documents de Dunkerque, par M. Bonvarlet. — Registre aux Délibérations du Magistrat du 16 février 1754 au 20 décembre 1760.

(2) Archives de Douai, BB-26, f° 127.

armoiries, comme la plupart des corps de métiers et les firent enregistrer en 1696 quand D'Hozier fut chargé par Louis XIV de rédiger l'Armorial de France.

Les *Apotiquaires et Epiciers de L'Isle* portaient : « D'azur, à une figure de sainte Magdelaine d'argent, tenant de sa main dextre une boete couverte de même et posée debout sur un piédestal aussi d'argent, chargé d'un écusson en banière de gueules, surchargé d'une fleur de lis d'argent, la sainte accostée en face adextré d'un mortier avec son pillon aussi d'argent et à senestre, d'un vase nommée chevrette de même. » (Armorial de Flandre, Hainaut et Cambrésis, page 157.)

A Douay, le corps de métier des Apothicaires, Graissiers, Ciriers, Espiciers et Sucriers réunis avait pour armoiries :

« D'argent, à une sainte Trinité, représentée par un vieillard assis de carnation, vêtu pontificalement d'une chape de gueules, bordée d'or, doublée d'azur, et d'une thiarre de même, ayant la teste environnée d'une gloire en triangle rayonnant aussi d'or et tenant de ses deux mains une croix haussée d'argent, sur laquelle est attaché un Christ de carnation, posé en pal sur ses genoux et sommé d'un Saint-Esprit, en forme de colombe, volante la teste en bas. » (P.187).

Les Apothicaires de Dunkerque s'étaient donné pour blason :

« D'azur à une montagne d'argent, chargée d'une vipère tortillée en forme de croissant tourné de sinople, accosté de deux plantes médicinales de même ; celle de dextre, fruittée d'or et surmontée d'un soleil de même, posé au canton dextre du chef. » (P.288.)

Si tous les citoyens avaient droit de prétendre au titre de maître Apothicaire, tous ne pouvaient pas également en exercer les fonctions qui se trouvaient en effet réservées. Bien que le nombre des maîtrises ne fût pas illimité (1), ceux qui les possédaient, n'auraient pu vivre facilement s'il eût été licite à certains confrères, grâce à des industries connexes, de s'attirer la clientèle plus sûrement que par le seul renom

---

(1) Dans la plupart des villes se trouvaient des offices de maîtres-apothicaires-jurés ; la création de nouveaux offices ne pouvait être décidée que par le Roi et moyennant un prix fixé.

de leur officine (1). Cette considération, jointe à d'autres que nous avons déjà exposées, avait poussé les autorités à rendre absolue l'incompatibilité entre la charge d'Apothicaire et celle de Médecin ou de Chirurgien.

Nous ne croyons pas utile d'insister sur les arrêts royaux que nous avons cités plus haut et où cette distinction était décrétée : mais nous rappellerons les mesures édictées par les Magistrats.

A Lille, la disjonction existait depuis longtemps déjà, mais les coutumes étaient quelque peu transgressées, quand le 11 février 1741, sur une réclamation du Syndic du Collège des Médecins, les membres de la Loy rendirent une ordonnance où ils disent : « Attendu le danger qu'il y a de laisser exercer en cette ville les professions de Médecin, Chirurgien et Apothicaire par une même personne, Nous avons déclaré et déclarons l'exercice desdites professions de Médecin, Chirurgien et Apothicaire, incompatibles dans la même personne : défendons, en conséquence, à toutes personnes généralement quelconques, et sous tel prétexte que ce soit, d'exercer plus d'une desdites professions : ordonnons à ceux qui les exercent actuellement, d'opter en dedans le terme d'un mois, en faisant à cet effet leur déclaration au Greffe du Procureur Syndic de cette Ville, à peine de cent florins d'amende contre ceux qui seront trouvés en contravention après ledit terme expiré, et même d'interdiction s'il y échet (2). »

On voit par là quelle sévérité on apportait à cette époque dans la répression du cumul de la médecine et de la pharmacie.

A Douai, un règlement de mai 1653 défend aux médecins de vendre des remèdes (3) et un licencié en médecine, ayant voulu tenir une *boutique d'apothicaire* contrairement à cette disposition, interdiction formelle lui en fut faite au nom du Magistrat, le 24 mai 1675 (4).

---

(1) « Important, d'ailleurs, qu'un chacun puisse subsister de son art et métier particulier, et notamment que la Pharmacie ne s'exerce point par d'autres que ceux qui sont reçus maîtres ; les défenses à un chacun de distribuer des drogues et des remèdes, étant le moyen le plus efficace pour que le public soit mieux servi, et les boutiques des Apothicaires fournies des meilleures drogues et plus souvent renouvellées. » Art. 16 du Règlement de 1699.

(2) Publié dans le Journal des Sciences Médicales, du 23 novembre 1888.

(3) Archives de Douai, BB-15, f° 145.

(4) Ibidem, BB-16, fol 302.

A Cambrai, l'article 8 du Règlement de 1653 déclarait : « Afin que les Médecins se contiennent dans ce qui regarde leur profession, il est défendu à tous Médecins de tenir boutique d'Apothicaire ouverte ou fermée, ni de distribuer aucunes drogues simples ou composées, ni dans la Ville, ni à la Campagne, par eux, leurs femmes ou autres, directement ou indirectement, sous peine de dix écus d'amende pour chaque contravention. » Et l'article suivant ajoutait « non pas même sous prétexte que ce seroient des drogues ou remèdes particuliers et spécifiques, sauf que si quelques Médecins prétendoient avoir semblables remèdes, ils devront s'adresser à la Chambre Échevinale pour, à connaissance de cause, y être pourvu (1) ».

Dans toutes les villes importantes de Flandre, tant dans la partie allemande ou espagnole que dans la partie française, nous voyons les mêmes mesures décrétées et mises à exécution. Mais, au contraire, dans les localités moins importantes et surtout dans les bourgs de second ordre où la population trop restreinte et trop pauvre n'eût pas permis à deux praticiens différents de vivre, le cumul de la médecine et de la pharmacie était parfaitement licite et l'incompatibilité cessait de droit.

Par exemple, en 1608, les Archiducs donnent des lettres de rémission à Daniel le Pin, bourgeois et maître apothicaire et chirurgien de Jametz (2). A Roubaix, en 1684, Martin Lucas s'engageait à exercer « la médecine et farmacie, mesme au besoing la chirurgie », comme il faisait précédemment à Orchies (3). Sa requête fut, du reste, agréée par le Magistrat.

Un autre sujet de discussion fut l'exercice de la pharmacie par les femmes, et cette question fut diversement résolue suivant les endroits et surtout suivant les autorités, chargées de la trancher. A Douai, le 16 décembre 1656, le Magistrat admettait une jeune fille à exercer la pharmacie (4), plus galant en cela que la Corporation des Apothi-

---

(1) Mémoire pour les Maîtres Apothicaire de Cambray, contre le sieur D'Hainault, Docteur en Médecine, et Franc-Fiévet de M. l'Archevêque de ladite Ville, présenté au Conseil des Dépêches en 1772.

(2) Archives départementales du Nord, B-1796.

(3) Les Médecins des Pauvres et la Santé Publique en Flandre et particulièrement à Roubaix, p. 89.

(4) Archives de Douai, BB-15, f° 258.

caires cambrésiens, refusant le même droit à une concitoyenne parce que « le serment qu'ils avoient fait d'observer et de faire observer inviolablement leurs Statuts, l'emporta sur les agréments d'une jeune récipiendaire, capable à la vérité de débiter des drogues avec grâce, mais incapable de les préparer (1) ».

Parmi les défenseurs les plus puissants et les plus décidés du privilège des Apothicaires, se trouvaient la Faculté de Médecine de Paris et le Lieutenant de Police. Repoussant la prétention des Chirurgiens de s'immiscer dans l'art pharmaceutique, la Faculté disait en 1762 : « Une pareille chose ne peut être mise à exécution dans un État policé, sans léser manifestement le droit des Apothicaires, et violer des lois établies par la sagesse même pour la sûreté de la vie des Citoyens, à moins qu'on n'eût intention de confondre et de réunir deux professions dont les fonctions sont incompatibles, et qu'il est essentiel pour l'intérêt public de contenir, chacune dans son district ; de plus, le bon ordre exige que la vie des Citoyens ne dépende jamais d'un seul homme. » Et quand le fameux Lémery voulut exercer à la fois la médecine et la pharmacie, grâce aux lettres patentes qu'il avait obtenues du Roi, c'est M. de La Reynie, alors Lieutenant-Général de Police qui s'y opposa : plus tard, M. de Sartines, un de ses successeurs, tint la même conduite dans un cas analogue.

Si les Apothicaires étaient bien protégés contre les entreprises des médecins et des chirurgiens, ils l'étaient moins bien contre celles de leurs confrères de la rue. Toutes les villes étaient infestées par des étrangers au nom baroque, à l'accoutrement bizarre, se disant originaires d'Espagne, d'Italie, voire même de Grèce, d'Arabie ou d'Égypte et débitant, grâce à leur faconde intarissable et à leur imperturbable sang-froid, toutes sortes de drogues plus ou moins efficaces et inoffensives parmi lesquelles le mithridate, l'orviétan et le catholicon tenaient, comme on sait, une honorable place (2). A moins

---

(1) Voici une autre raison plus humoristique : « Mais l'imagination des Dames, ordinairement trop vive, seroit encore exaltée par les vapeurs du fourneau. Si elles étoient exposées à ces mouvements si subits, si violents, si impétueux et néanmoins si communs dans les opérations chymiques, ne seroit-il pas à craindre que ces explosions ne dérangeassent les fibres délicats de leur cerveau ? »

(2) Victor Carbonnel. — Empiriques et Charlatans ; Gazette des Hôpitaux, 1890, Nos 18, 22, 25, 28 et 30.

de circonstances exceptionnelles, la lutte contre ces usurpateurs était impossible aux Apothicaires puisque la Faculté de Médecine de Paris elle-même ne réussit point à obtenir leur bannissement de la capitale. La faveur des grands et des riches était acquise à ces charlatans ; quant au peuple, on n'a nulle peine à deviner avec quelle facilité ils lui jetaient, (c'est le cas de le dire), de la poudre aux yeux. En bien des villes, le Magistrat, ordinairement si rigide sur l'application de ses ordonnances, se montrait extrêmement facile pour cette catégorie d'industriels et leur accordait même sa protection. A Douai, pour ne citer que quelques faits, le Magistrat autorisait, en février 1729, un opérateur à vendre publiquement « *un orviétan composé et certaine huile de baume grec* (1) » : en 1754, il faisait même une pension à une marchande de *spécifique universel* (2). Nous pouvons du reste dire que ces sortes de remèdes ne devaient être ni plus dangereux ni moins efficaces que l' « Esprit de Lombrics » et l' « Huile de Crâne Humain », dont nous aurons l'occasion de parler plus tard.

Nous avons vu les Apothicaires, mis en possession de leur charge et plus ou moins protégés contre les concurrences illégales ; comment devaient-ils s'acquitter de leurs fonctions et gérer leur officine ?

Les Apothicaires ne pouvaient accepter pour élève le premier venu : en effet, dans tous les corps de métiers, les apprentis et les compagnons que voulait s'attacher un maître, devaient préalablement être agréés par le Serment de la Corporation qui s'assurait s'ils remplissaient les conditions exigées. Or, pour les Apothicaires, plus que pour tous les autres, cette prescription avait une grande valeur : forcés parfois d'abandonner le soin de leur officine à leurs apprentis, ils devaient pouvoir compter sur eux.

S'ils n'avaient pas d'apprentis à proprement parler et voulaient pourtant se décharger sur d'autres personnes du soin de la confection des drogues, ils devaient encore faire ratifier leur choix comme le prescrit l'article 15 du Règlement de 1699 : « Comme il arriveroit
» aisément que les médicaments feroient un effet tout contraire, et
» pourroient procurer la mort au lieu de la guérison, si dans la pré-
» paration des remèdes il s'y faisoit quelque mélange ou substitution

---

(1) Archives de Douai, BB-21, f° 208.
(2) Ibidem, BB-26, f° 61.

» d'autres ingrédients, ordonné très-expressément auxdits apothi-
» caires de préparer et accommoder eux-mêmes les remèdes, ou du
» moins les faire préparer et accommoder par quelques personnes
» jugées capables et examinées auparavant par le mayeur ou aîné
» desdits apothicaires. »

Du reste pour les obliger à avoir les médicaments nécessaires et de bonne qualité, les Magistrats firent rédiger en plusieurs endroits, sinon une pharmacopée complète, au moins une liste des médicaments dont les Apothicaires devaient être fournis. Des peines très graves étaient portées contre ceux qui ne se soumettaient pas à cet avis. Le Magistrat de Lille décrétait une forte amende contre les délinquants. A Douai, dans l'acte qui rend obligatoire la « Pharmacopæa Duacena », on lit « ut ordo generalis in remediorum dispensatione sit regula certa uniformitatis, sub *mulctâ duodecim florenorum* pro quâcumque compositione, quæ aliter confecta fuisse reperietur in visitatione officinarum suo tempore faciendâ, nec poterunt Pharmacopæi aliquid in eis innovare pro arbitrio suo, sed in casu difficultatis, aut necessitatis, aut dubii tenebuntur Collegium Medicorum consulere. » Les Apothicaires devaient donc suivre strictement la pharmacopée sans pouvoir s'en écarter en rien.

Pour s'assurer que ces prescriptions étaient exécutées, on visitait les pharmacies une ou plusieurs fois par an. A Douai dès 1671, cette visite était faite par des échevins, accompagnés d'un médecin (1) : en 1686, les frais de visite des « bouticques des apothicaires pour cognoistre s'ils estoyent fournys de bons médicaments » étaient portés au budget pour une somme de 4 florins (2). En 1756, le Magistrat offrit aux Docteurs et aux Apothicaires, à l'occasion de la visite des officines, un repas qui coûta 74 florins (3). Dans les autres villes de Flandre, la visite se faisait avec autant d'exactitude et de sévérité.

A côté de ces prescriptions locales, existaient d'autres règles plus ou moins générales, relatives à la vente de certains produits. A Douai, en mai 1653, le Magistrat, tout en assurant aux Apothicaires le monopole de la vente des médicaments, leur défend d'en délivrer

---

(1) Archives de Douai, BB-16.
(2) Ibidem, CC-1328, f° 42.
(3) Ibidem, CC-1400, f° 177.

sans ordonnance d'un médecin (1). A Ypres, le 16 octobre 1778, les échevins leur défendent de débiter de l'arsenic aux personnes inconnues. A Bruges, en 1784, c'est la coque du Levant qu'ils ne peuvent vendre sans ordonnance d'un médecin assermenté (2). Du reste Louis XIV, au mois de juillet 1682, avait fait défense aux Apothicaires de garder d'autres poisons que l'arsenic, le réalgar, l'orpiment et le sublimé : encore n'en pouvaient-ils fournir qu'après avoir fait signer sur un registre ad hoc. Ces mesures royales furent du reste bientôt oubliées.

Le prix des médicaments n'était pas non plus laissé à la discrétion des Apothicaires. Dans les villes où il existait une corporation, c'était le plus souvent le Serment qui réglait le taux de vente : dans certains endroits, ce soin était confié au collège des médecins ou était assumé par le Magistrat lui-même. A Tournai, en 1779, le collège des Consaulx chargeait M. Dumonceau de rédiger la taxe des médicaments (3).

Au point de vue commercial, les Apothicaires étaient soumis aux mêmes règles que les autres marchands, dans la Flandre Française. En effet l'article 68 de l'ordonnance de 1512, rendue par le roi Louis XII pour réglementer le commerce en France, spécifie que : « Les marchands qui vendent et débitent leurs marchandises ou denrées, à détail comme *Apothicaires*, Merciers, Drappiers, Boulangers, Pastissiers, Tauerniers, ne sont receuables à faire demande des choses par eux données à crédit, six mois après qu'ils les ont déliurées, sinon qu'ils vérifient, que puis six mois le payement leur en a esté promis, ou qu'il y ayt arrest de compte, cédule ou obligation. » (4). Ils pouvaient du reste agir pour le recouvrement de leurs créances de la même manière que les marchands ordinaires et nous voyons le 30 janvier 1671, l'apothicaire Jean Metsus demander à l'Amman et aux Échevins de la ville et vierschaere d'Hazebrouck l'autorisation de saisir une vache dans la ferme de Julien Garbe pour se payer des

---

(1) Archives de Douai, BB-15, f° 145.
(2) Analectes Médicaux de Bruges, par De Meyer, p. 37.
(3) Histoire de Tournai, par Hoverlant de Bauwelaere.
(4) Claude Le Brun de la Rochette. — Procès-Civil, page 38.

médicaments, fournis pendant la dernière maladie d'un nommé Jean Stévenoot (1).

Dans la Flandre Impériale, au contraire, un édit du roi d'Espagne, daté du 4 octobre 1540, assimilait les Apothicaires aux médecins, chirurgiens et notaires pour le payement de leurs créances et leur créait une situation privilégiée en spécifiant plus de temps et plus de facilité pour réclamer.

§ 2. — *Les Apothicaires des Pauvres et des Hôpitaux.*

Nous avons déjà eu l'occasion de parler des apothicaires pensionnaires dans un autre travail, mais sans insister sur la question parce que nous nous occupions particulièrement des Médecins des Pauvres : aussi nous a-t-il semblé juste de leur consacrer un paragraphe dans cette étude.

Dans les villes assez importantes pour faire une pension raisonnable à leur apothicaire, il y avait ordinairement un et parfois même plusieurs apothicaires pensionnaires. Ces apothicaires pouvaient être payés de deux manières : tantôt ils recevaient un chiffre annuel, fixé d'avance, et devaient moyennant cela fournir aux pauvres de la ville tous les médicaments, prescrits par les ordonnances des médecins pensionnaires ; tantôt au contraire on les payait à la fin de l'année au prorata des fournitures qu'ils avaient faites. Du reste dans chaque ville, le mode de payement changea à diverses époques selon que les Magistrats croyaient avoir plus de bénéfice suivant un mode ou suivant l'autre.

A Douai, en 1436, le Magistrat nomme comme apothicaire pensionnaire Riccard le Fére, et lui accorde XXIIII livres par an (2), soit environ 600 francs de notre époque ; mais le 9 octobre 1455, on diminue la pension de moitié (3). Le 28 juin 1622, on supprima tout à fait l'apothicaire des pauvres et on fit fournir les médicaments par tous les apothicaires de la ville (4) : aussi en 1627, le magistrat

---

(1) Archives d'Hazebrouck, FF-23.
(2) Archives de Douai, CC-215, f° 59.
(3) Ibidem, BB-1, f° 6.
(4) Ibidem, BB-6, f° 11.

faisait-il marché avec un nommé Martin Chevalier, qui devait fournir moyennant 165 livres 8 sols, de quoi guérir les individus atteints du « mal de Naples », tandis qu'un autre apothicaire, Gilles Remi procurait 15 livres 4 sols de « succades et confitures » destinées à être offertes en présent.

Dix ans plus tard, le 2 janvier 1637, on renommait un apothicaire pensionnaire mais uniquement pour le service des pestiférés (1). Lors de la peste de 1668, cet apothicaire était M. Briffault, qui fournit une grande quantité de parfums, destinés à la désinfection des maisons; pour donner une idée de l'importance des produits consommés, il nous suffira de dire que le messager, chargé de distribuer ces parfums, reçut à lui seul 340 florins.

A Lille, il y avait des apothicaires pensionnaires qui fournissaient les remèdes, moyennant un fixe. A Tournay, les médicaments étaient payés à l'année. Dans d'autres villes de Flandre, comme à Bruges par exemple, il n'y eut jamais de règle établie et, selon les préférences du moment, les médicaments étaient fournis par abonnement ou contre remboursement (2).

Les apothicaires pensionnaires étaient l'objet d'une surveillance des plus rigoureuses : la loi commune leur était strictement appliquée en ce qui regarde la quantité et la qualité des drogues dont ils devaient être fournis et on exigeait qu'ils servissent les pauvres avec le plus grand soin. C'est ainsi qu'en 1494, le magistrat de Douay révoqua l'apothicaire pensionnaire « pour ce qu'il n'estoit furny de drogheries requises pour la visite dudit état (3). »

Dans les petites localités où n'existait pas d'apothicaire, et où le médecin avait droit de vendre lui-même des remèdes, le médecin pensionnaire était chargé de fournir les médicaments aux pauvres qu'il visitait. Là encore, nous retrouvons le système mixte de tout à l'heure : c'est ainsi qu'à Roubaix en 1647, le médecin pensionnaire était payé au prorata des visites faites et des médicaments délivrés, tandis qu'en 1663, il recevait pour le tout un traitement fixe de 200 livres ;

---

(1) Archives de Douai, BB-14, f° 280.
(2) Archives provinciales de Bruges. Comptes du franc.
(3) Archives de Douai, CC-234, f° 75.

mais il était encore obligé de remettre un état des médicaments qu'il avait donnés aux pauvres (1).

Dans certaines circonstances, le Magistrat avait encore à payer des apothicaires : c'était lorsque les ghildes ou les milices communales partaient en expédition, soit pour le compte de la ville, soit pour celui du souverain. Nous avons déjà dit comment étaient organisés les secours aux blessés (2) : les médicaments étaient parfois fournis par les médecins eux-mêmes et plus souvent par les apothicaires de la ville. C'est ainsi qu'à Bruges, en 1378, l'apothicaire Jean Voet est chargé de fournir les drogues nécessaires pour l'expédition d'Audenarde (3). En 1602, le Magistrat de la même ville fait payer près de 150 livres (environ 1.600 fr.) de médicaments, destinés aux malades et aux blessés du siège d'Ostende (4). Certaines ville, comme Douai en 1690, devaient même entretenir et loger l'apothicaire de leur garnison (5).

Il nous reste à parler enfin du service pharmaceutique des hôpitaux et des hospices. Le plus souvent et surtout avant le XVIIe siècle, les médicaments étaient fournis directement à ces établissements par les épiciers-droguistes ou les apothicaires-épiciers, au fur et à mesure des besoins de la maison. Il en était déjà ainsi en 1282, pour l'hôpital de Bruges, ainsi que nous l'apprend De Meyer dans ses Analectes Médicaux. Dans certaines villes, il y avait une pharmacie spéciale : à Douai, en 1704, le Magistrat louait une chambre moyennant 18 florins pour y loger la pharmacie des hôpitaux (6). A Lille, lors du siège de 1667, un apothicaire fut joint à la commission, formée d'un échevin, d'un médecin et d'un chirurgien, et chargée par le collège

---

(1) Les médecins des pauvres et la santé publique en Flandre et particulièrement à Roubaix, pages 76, 84 et suivantes.

(2) Ibidem, p. 20

(3) Analectes médicaux de Bruges, par De Meyer, p. 66.

(4) M. Cornelis Roelpot, apothecaris, (gheleverde medicamenten ende diveersche andere zaecken) bedraghende ter somme van 85 ponden grooten.

M. Heinderyc van der Plancke, (medicamenten ende andere nood-zakelicheden) ter somme van 56 ponden, 12 schellingen, 2 grooten.

(Archives provinciales de Bruges, 35-1 bis).

(5) Archives de Douai, CC-1332, f° 19.

(6) Ibidem, CC-1348, f° 24.

des échevins de pourvoir, chacun pour sa partie, à l'approvisionnement des hôpitaux de la ville (1). Dans d'autres endroits, comme à l'hôpital Notre-Dame de Comines, le soin des médicaments était laissé aux religieuses, desservant la maison.

On sait que, dès le siècle dernier, les boues de St-Amand s'étaient acquis une certaine réputation dans le *traitement des maladies longues et rebelles, de l'obstruction des viscères du bassin, des maladies des reins et voies urinaires, des maladies de la peau, de la sciatique, de la paralysie et voire même du reliquat des maladies vénériennes.* Un établissement très complet avait été installé et il s'y trouvait un service, formé d'un médecin, de trois chirurgiens et d'un apothicaire, qui desservait en même temps l'hôpital, établi pour les pauvres (2).

Dans les hôpitaux militaires de grande importance comme à Lille, à Douai, à Dunkerque, il y avait un apothicaire-major, ayant même des aides sous ses ordres, et destiné à assurer l'approvisionnement et la préparation des remèdes. Le service de la marine à Dunkerque avait aussi son apothicaire-juré. Dans les hôpitaux de second ordre, l'approvisionnement des médicaments était confié à des entrepreneurs de remèdes, soit de la ville, soit des villes voisines : il en était ainsi à Gravelines, à Bergues-St-Vinoc, etc......

§ 3. — *Les Apothicaires des Princes.*

Si les médecins et les chirurgiens des comtes de Flandre et des autres souverains du pays furent bien traités de leurs maîtres et ordinairement richement récompensés de leurs services, les apothicaires n'eurent pas davantage à se plaindre de leurs seigneurs. Outre les profits qu'ils retiraient de la vente de leurs drogues, ils obtenaient souvent des gratifications de grande valeur.

Lorsque Philippe-le-Bon signa l'ordonnance qui réglait le train de sa cour et le nombre des gens de son hôtel, il décida qu'il y aurait 2 épiciers-apothicaires (3) ; malgré cela, les membres de sa famille continuèrent à se fournir deci delà puisqu'en janvier 1446, la

---

(1) Lebon. — Histoire de la Flandre Wallonne, p. 97.
(2) Almanach du Gouvernement de Flandre pour l'année 1783.
(3) Archives départementales du Nord, B-1603.

duchesse de Bourgogne de passage à Bruges, y fit des dépenses considérables pour « appoticairerie ». En 1511, Marguerite d'Autriche avait, comme on le voit par son registre de mandements, un apothicaire particulier qui était payé au fur et à mesure de ses fournitures.

En 1524, on délivre au nom d'Hubert Smets, apothicaire à l'enseigne du *Mortier d'Or*, à Malines, un ordre de paiement d'une somme de « vingt-huit livres six solz six deniers, pour plusieurs parties des droghes, pocions et médecines, qu'il avoit, par le conseil et advis et ordonnance de maistres Cornille et Joachim Roland, docteurs en médecine résidant audit Malines, faictes et délivrées pour monseigneur le prince de Dannemarck, durant sa maladie pour le réduire à convalescence et le y entretenir » (1).

L'année suivante, en 1525, Charles-Quint ordonne de payer dix-sept livres à « Jacques Huissone, apoticaire et espicier dudit seigneur Empereur, tant feu pour cuyr le vin, plusieurs droghes, espices et herbes qu'il a mises et cuytes avec ledit vin médicinal et sa paine...... » (2).

Madame Marguerite d'Autriche, gouvernante des Pays-Bas, avait pour apothicaire un nommé Jean Estocart qui lui fournissait toutes sortes de choses, voire même un cheval ; cet apothicaire qui, pour une seule maladie de Marguerite, partageait une somme de près de 800 livres avec le médecin Gommart, reçut de sa maîtresse les fiefs de la Demoiselle et du Hem, ainsi que plusieurs pièces de terre, sises entre les dunes de Clairmarais et celles de Mardyck. Charles-Quint lui accorda l'envoi en possession de ces terres qui avaient appartenu à un bâtard, nommé Olivier du Four. (3) Jean Estocart resta, du reste, très longtemps au service de Marguerite d'Autriche.

En 1540, un mandement fait payer une somme de 60 livres à Philippe de Ghenachte, ancien aide apothicaire de la Reine d'Angleterre « en considération de plusieurs services qu'il avoit auparavant faiz à laditte feue Royne audit estat et depuis un an en sa chambre jusques au jour de son trespas » (4).

---

(1) Archives départementales du Nord, B-2320, f° 343 v°.
(2) Ibidem, B-2328, f° 266 v°.
(3) Ibidem, B-1616.
(4) Ibidem, B-2418, f° 282 r°.

Avant de terminer ce paragraphe, disons qu'en novembre 1342, la dame de Cassel, Jeanne de Bretagne, passait un marché avec Mahiet Despernon, épicier-droguiste qui devait fournir tout le service « d'épisses et d'apoticairerie » nécessaire pour son hôtel, moyennant une somme une fois payée et deux robes d'écuyers, chaque fois qu'elle renouvellerait sa livrée.

§ 4. — *Les Apothicaires et leurs Écrits.*

Les apothicaires sont moins connus que les médecins et les chirurgiens de Flandre et bien peu ont atteint la réputation de Montanus ou de Dodoaeus. Certains pourtant méritent de n'être pas oubliés, soit à cause de leur famille, soit à cause de leurs écrits.

Le premier que nous ayons à citer, est un brugeois. Fils d'un gentilhomme au service du prince d'Orange, Pierre de Wrée ou de Wrède s'établit à Bruges, vers le milieu du XVIᵉ siècle, dans une maison de la place de la Vieille-Bourse, nommée « *den dock van Veronica* » : il y mourut en 1573, laissant la réputation d'un apothicaire très distingué. Son petit-fils devint bourgmestre de Bruges et se rendit célèbre comme historien : c'est Olivier de Wrée. Un arrière-petit-fils de Pierre de Wrée, le baron Jacques de Bonaert, grand-bailli d'Ypres, épousa en 1768 Marie-Thérèse, fille de Gérard, baron Van Swieten, le fameux médecin viennois (1).

Un autre apothicaire de Bruges, Marcel Goltz, qui y exerça probablement de 1575 à 1597, mérite d'être rappelé parce qu'il était le fils d'Hubert Goltzius, le célèbre peintre de Wurzbourg (2).

A Lille, nous devons nommer d'abord Pierre Ricart qui fut un excellent apothicaire et devint doyen de la corporation. Aussi savant botaniste que bon praticien, il écrivit un traité de botanique médicale, intitulé :

« *Botanotrophium, ceu hortus medicus* »

mais il ne put le faire imprimer, faute de ressources. Un médecin, originaire de Douai, mais qui exerçait à Lille, Georges Wion, le fit

---

(1) Analectes Médicaux de Bruges, par D. Meyer, p. 138.
(2) Le Beffroi, tome III, p. 267.

paraître à ses frais chez Simon le Francq en 1644. Lorsque Ricart mourut, les regrets furent unanimes (1).

Vers la même époque, un autre apothicaire, Pierre le Comte qui avait aussi le titre de médecin et qui rédigea la lettre dédicatoire de la Pharmacopée Lilloise, publia chez Ignace et Nicolas de Rache, une brochure intitulée : « *An calx misceri possit cerevisiæ cum ejus responsione* ».

En 1667, Pierre Foucart publie un traité de pharmacie qui faisait partie d'une véritable encyclopédie médicale, rédigée d'accord avec les médecins Robert Farvaque et Pierre Hazard, et le chirurgien Jacques Blondel.

En 1683, François Fiévet, libraire à la Bible Royale, sur le pont de Fives, publie sans nom d'auteur un opuscule portant pour titre : « *Éclaircissement touchant le légitime usage de l'antimoine* ». D'après certains auteurs, ce serait l'œuvre d'un médecin, nommé Ignace Bayart, mais on n'en a pas de preuve certaine.

Pierre Brisseau, né à Paris, fut reçu docteur en médecine à Montpellier ; il s'établit d'abord à Tournay le 13 juin 1677, fut chargé en 1690 de rédiger les statuts du collège des médecins de cette ville et vint mourir à Douay le 10 septembre 1717, à l'âge de 86 ans. Il écrivit beaucoup de traités médicaux dont un seul nous intéresse : c'est une « Lettre touchant les remèdes secrets », publiée à Tournay en 1707 (2).

Nous arrivons enfin au plus célèbre, à bon droit, des apothicaires

---

(1) On lui fit l'épitaphe suivante :

Petrus Ricart
Pharmacoporum Decanus
Jacet Hic.
Medici, Botanici, Pharmacopæi
Eius obitum lugent.
Medicis enim fidelis minister fuit.
Inter Botanicos excelluit.
Pharmacopæis meritissime præfuit.
At tu viator pius eius manibus bene apprecare.
Obiit XXII Augusti M D C L VII
Dilecta vero coniux Ludoca du Thoit.
XXVII Ju. M D C L XIII.

(2) Histoire de Tournay, par Hoverlant de Bauwelaere.

de Lille. Jean-Baptiste Lestiboudois, né à Douay le 30 janvier 1715, étudia la pharmacie à l'hôpital et à la faculté de cette ville en même temps qu'il faisait ses études de médecine. Reçu licencié en 1739, il vint s'établir à Lille et rédigea une carte botanique qui servit à Cointrel pour classer les plantes de son jardin botanique.

Nommé en 1758 apothicaire-major de l'armée du Bas-Rhin, Lestiboudois étudia pendant trois ans les plantes des jardins de Cologne et de Brunswich. De retour à Lille, il y fonda un jardin des plantes et obtint en 1770 le titre de professeur de botanique. En même temps il travaillait à introduire la pomme de terre dans le Nord de la France.

En 1772, il publie avec le médecin Ricquet la troisième édition de la Pharmacopée Lilloise : en 1773, il fait graver une carte botanique, établissant la concordance des ouvrages de Tournefort et de Linnée ; puis il donne en collaboration avec son fils la Botanographie Belgique que les états de Flandre firent distribuer à tous les médecins de campagne. A la même époque, il dresse le catalogue latin des plantes des environs de Lille.

Chargé en 1794 d'organiser un jardin botanique public, il y réunit en deux ans 1,800 espèces de plantes. En 1796, il fut nommé professeur d'histoire naturelle à l'École Centrale et malgré ce surcroît de besogne, il publia en 1799 ses principes de zoologie. Il mourut le 29 ventôse an XI.

§ 5. — *Les Pharmacopées*.

Nous avons dit plus haut que, dans certaines villes de Flandre, le magistrat avait fait composer une pharmacopée qui devait servir de règle immuable aux apothicaires. Bruges eut la sienne en 1697 : rédigée par le licencié Van Den Zande, elle ne fut publiée qu'après avoir été soumise à l'approbation de l'Université de Louvain (1)

Lille et Douai eurent aussi les leurs. La plus ancienne est celle de

---

(1) Pharmacopæ Brugensis jussu nobilissimi amplissimique senatus in lucem ædita authore Joanne Van den Zande, Medicinæ licentiatu. — Brugis Christophori Cardinael. 1697, in-8°.

Lille qui fut imprimée pour la première fois en 1640 (1). Le magistrat avait chargé une commission de médecins et de pharmaciens de rédiger cette Pharmacopée : c'était Alard Hereng, (âgé de 99 ans) ; Charles Lespillet ; Antoine de Sailly ; Michael de Lannoy, écuyer ; Pierre le Comte, doyen des apothicaires ; François Payelle ; Jean-Baptiste Lejosne ; Robert Farvacque, ancien doyen ; Jean-Baptiste Doulcet ; Jean Preud'homme de Cysoing, écuyer, seigneur de la Fosse-Marez ; Balthazar de Roubaix ; François Vrancx ; François Colbaert ; François Mollet et Pierre Watterlop. Ces 15 praticiens reçurent sur le compte de 1639-1640 une somme de 480 livres pour les trente et quelques séances qu'ils avaient tenues (2).

Comme on le voit par la note que nous reproduisons ci-dessous, cette Pharmacopée n'était pas un travail absolument neuf : ce n'était que la réforme d'un codex existant déjà auparavant, mais qui n'avait pas été imprimé encore.

La seconde édition parut en 1694 (3). Enfin, en 1772, une troisième édition (4) fut faite par Jean-Baptiste Lestiboudois, spécialement chargé par le Magistrat, concurremment avec Pierre-Joseph Ricquet, alors assesseur du Collège des Médecins. Dès le mois d'août 1770, ils avaient remis leur manuscrit entre les mains des échevins ;

---

(1) Pharmacopæa Lillensis jussu Senatus edita optima quæque pharmaca a medicis ejusdem urbis selecta et usitata continens, in officinis publicis habenda. — Lillae, Gallo-Flandriæ, ex typis Simonis le Francq. 1640, in-4°.

(2) » Aux docteurs, doyen, esgards et maistres au siége des Appoticquaires sur requeste présentée à MM. du Magistrat qu'il avoit pleu pour le mainténement et conservation de la Pharmacie et pour le bien du publicq de statuer que le dispensaire et formulaire seroit redressé et réformé pour auquel satisfaire, et en suite d'auctorisation seroient esté convoqués plus de trente fois tous les docteurs de ceste ville lesquels, avec les aultres, en présence des Eschevins ont receu et examiné, retranché du superflu, augmenté du nécessaire, et aussi tellement réformé ledit dispensaire après longs et pénibles labeurs redressant quant et quant les poids et autres erreurs lesquels s'écouloient es bouticques de la Pharmacie au grand préjudice du commerce leur a été accordé. IIII^c IIII^{xx} L »

(3) Pharmacopæa Lillensis, Galleno-Chymica, Jussu nobilissimi amplissimique Senatus edita. Selectoria continens medicamenta ex optimis auctoribus deprompta. — Lillæ, Gallo-Flandriæ, typis Joannis-Chrisostomi Malte, 1694, in-f°.

(4) Pharmacopæa Jussu Senatus Insulensis Tertio Edita — Insulis Flandrorum, Typis J.-B Henry, M. DCC. LXXII, in-4°.

mais pour plus de garantie, il ne fut imprimé qu'après avoir été soumis à une Commission, composée de Pierre-Joseph Boucher, doyen du Collège des Médecins, échevin, associé régnicole de l'Académie royale des sciences de Paris et de l'Académie royale de chirurgie, professeur d'anatomie et de chirurgie; Pierre-Antoine-Joseph-Carbonnelle, ancien assesseur du collège des médecins et directeur de la corporation des pharmaciens; Nicolas-Joseph Saladin, syndic du collège des médecins et professeur de mathématiques; Paul-Joseph Martin, ancien assesseur du collège des médecins, auxquels on avait adjoint comme pharmaciens le doyen de la corporation, Antoine-Simon Ghesquière; Pierre-François de Brigode, inspecteur et plus ancien juré; Louis-Joseph Decroix et Pierre-Joseph Boudin. Enfin on demanda l'avis du célèbre botaniste de Jussieu et de M. Macquer, médecin de la Faculté de Paris, membre de l'Académie royale des sciences, etc.

L'édition de 1772 contient d'abord une dédicace au Magistrat, signée de Lestiboudois et de Ricquet, la liste des membres du collège des medecins à cette époque, une préface écrite par les commissaires sus-nommés et les observations, formulées par Jussieu et Macquer sur le corps de l'ouvrage.

La pharmacopée elle-même est divisée en deux parties, la première traitant des simples et la seconde de la préparation des médicaments.

La première partie est, à son tour, scindée en trois classes, intitulées : « De Simplicibus e Vegetabili Regno; ex Animali Regno; e Regno Minerali. »

Dans le règne végétal, viennent en première ligne les produits des plantes exotiques, répartis en 16 groupes, renfermant 174 drogues. Ces groupes sont dénommés : « Radices, Cortices, Ligna, Medullæ, Culmi, Folia, Flores, Pistilla, Semina, Fructus, Succi liquidi et concreti, Balsama, Gummi, Resinæ, Gummi Resinæ et Salia. »

Les plantes indigènes, au contraire, sont rangées en 13 familles : Monopetalæ Regulares, Liliaceæ, Tetradynamæ, Leguminosæ, Ringentes, Polypetalæ Regulares, Icosandræ, Umbellatæ, Compositæ, Apetalæ, Anomalæ, Gramineæ et Cryptogamæ.

A la suite vient une description de tous les végétaux, désignés dans les listes précédentes : cette description par ordre alphabétique ne tient pas moins de 107 pages et indique tous les renseignements botaniques nécessaires, ainsi que les parties ordinairement usitées.

Dans le règne animal, on trouve indiqués 74 animaux, dont l'homme, rangés en 8 ordres : Homo, Quadrupedia, Aves, Pisces, Reptilia, Insecta, Vermes, Lithophyta.

Dans le règne minéral, la pharmacopée signale comme employés 64 corps classés sous les rubriques : Aquæ, Salia, Terræ, Lapides, Petrificata, Sulphurea, Mineræ. Parmi les Sulphurea on remarque le bitume de judée, l'ambre, l'agathe, le pétrole, le succin et l'orpiment.

Des instructions sur la manière de recueillir et de conserver les simples terminent la première partie, dans laquelle se sent la main de Lestiboudois qui, en sa qualité de botaniste distingué, devait nécessairement accorder une grande place à la partie théorique de cette science.

La seconde partie qui traite « De Medicamentis Compositis » renferme des indications générales sur les poids et les mesures, employés en médecine, sur le matériel de laboratoire, les opérations pharmaceutiques et la préparation spéciale de certains médicaments. Ces dernières sont divisées en deux classes, l'une réservée aux préparations galéniques, l'autre destinée aux opérations chimiques.

Dans la partie galénique, se trouvent dix classes traitant : 1° des tisanes, des décoctés et des infusés ; 2° des vinaigres, des vins et des bières ; 3° des extraits ; 4° des miels, des sirops et des loochs ; 5° des robs, des conserves et des condiments ; 6° des poudres ; 7° des pastilles ; 8° des électuaires (tablettes ou opiats) ; 9° des pilules ; 10° des huiles, des baumes, des onguents ou des emplâtres.

La partie chimique traite : 1° de distillatis (aquæ simplices vel compositæ ; spiritus ardentes, acidi, volatiles ; olea essentialia ; sublimata) ; 2° de tincturis et elixiribus ; 3° de salis (essentialibus fixis, lixivialibus, volatilibus) ; 4° de saponibus ; 5° de crocis ; 6° de sulphureis ; 7° de præcipitatis ; 8° de regulis ; 9° de terris, calcibus, seu calciformibus ; 10° de vitris.

Tel est le plan général de cette pharmacopée qui ne contient pas moins de 318 pages. Parmi les simples, surtout ceux d'origine végétale, la plupart existent encore dans le droguier actuel ; il n'en est pas de même pour les médicaments galéniques dont un grand nombre ont disparu depuis longtemps.

La pharmacopée douaisienne (1) est plus récente que la pharmacopée lilloise. Elle ne date que de 1732 et fut rédigée sur l'ordre du Magistrat par une commission, formée à parties égales de médecins et de pharmaciens. Les médecins étaient Thomas-Nicolas de Lalaing (2), docteur en médecine, ancien professeur royal et doyen de la Faculté de médecine de Douai ; Michel Brisseau, conseiller du roi, médecin-major des hôpitaux militaires et professeur primaire à la même Faculté ; Pierre de Lannoy, docteur en médecine et échevin de la ville ; et Jean-François Deslances, licencié en médecine et échevin. Les apothicaires étaient Jean-Étienne Gaquer, doyen de la corporation, Rumold Daveroult, Jean-Baptiste Sergeant et André-Joseph Huez.

La pharmacopée fut imprimée par Jacques Willerval qui y fut autorisé par le censeur royal Burette et reçut du Magistrat de Douai une subvention de 200 florins (3).

La pharmacopée débute par une dédicace au lecteur, exposant le but de l'ouvrage et l'esprit dans lequel il a été conçu, et se terminant par ces vers :

> Tu licet et Thamyram superes atque Orphea cantu,
> Non erit ignotæ gratia magna lyræ.

Ensuite vient une ordonnance du Magistrat de Douai, en date du 29 mai 1732, déclarant la pharmacopée obligatoire pour tous les apothicaires de la ville : nous en avons du reste reproduit une partie au premier paragraphe de ce travail.

L'ouvrage est divisé en quinze classes dont la première donne la liste des simples officinaux, végétaux et animaux. Parmi les simples officinaux, se trouvent 93 produits rangés en six groupes : Terrae, Aquæ (fontanæ, fluviatiles, nivales, puteales, pluviales, ros majalis, marinæ et minérales), Lapides, Metalla, Salia et Sulphura. Les

---

(1) Pharmacopæia Duacena Galeno-Chymica nobilissimi et amplissimi Senatus Authoritate et jussu Munita et Edita. — Duaci, Typis Jacobi. Fr. Willerval, Typographi Regii, sub signo S. Spiritus 1732. Cum Approbatióne et Permissione.

(2) C'est ce Thomas de Lalaing qui, dans une consultation médico-légale, traitait si durement son collègue, le médecin Poucher de Lille, dont nous avons parlé plus haut. Voir les Médecins des Pauvres, page 145.

(3) Archives de Douai, CC-1375, f° 56.

simples végétaux, au nombre de 692. sont divisés en : Cortices, Flores, Folia (interquæ Corallium album, nigrum, rubrum; Corallina; Spongia), Fructus, Fungi, Ligna, Radices, Semina, Gummi et Balsama.

Parmi les simples animaux, nous trouvons 16 espèces qui s'employaient en entier et parmi lesquelles on remarque les abeilles, les araignées, les crabes de rivière, les lombrics et les grenouilles. On se servait aussi de la graisse de 12 espèces d'animaux au nombre desquels étaient l'homme, l'ours et le renard. Enfin le reste du règne animal fournissait 72 autres produits : les plus remarquables étaient les calculs humains, les testicules de cerf, des crânes d'hommes ayant succombé à une mort violente, du lait de femme, l'os du cœur des cerfs, la muqueuse gastrique des poules, du poil de lièvre, du sang de bouc, des œufs d'autruche et enfin les excréments d'oie, de chien, de pigeon, de cheval, de poule, de rat, de paon, de veau et de vache (1).

A la suite de cette liste venaient des notions sur la récolte des simples. sur les médicaments d'effet semblable que l'on peut joindre, sur les opérations de laboratoire en général, sur les poids et mesures, enfin sur la conservation et la durée des simples.

Les quatorze classes suivantes exposaient la préparation des diverses espèces de médicaments : 2° les Décoctés, Eaux simples, composées et spiritueuses, Esprits et Vinaigres (les eaux simples se décomposaient à leur tour en phlegmatiques au nombre de 20 dont le type était l'eau de chicorée et en aromatiques au nombre de 13, dont le type était l'eau de menthe) ; 3° les Teintures, les Extraits et les Élixirs ; 4° les Sirops et les Miels ; 5° les Robs, Condiments, Conserves et Gelées ; 6° les Électuaires ; 7° les Antidotes et Opiats ; 8° les Aromatiques et les Poudres, tant altérantes que résolutives ; 9° les Pilules ; 10° les Pastilles et Tablettes ; 11° les Huiles et les Baumes ; 12° les Onguents ; 13° les Emplâtres, Cérats et Sparadraps ; 14° les Préparations les plus usitées de médicaments simples ; et 15° les Médicaments chimiques purs.

---

(1) Dans son numéro du 21 mai 1890, la *Semaine médicale* publiait une liste des remèdes les plus baroques, employés en Chine, en émettant l'avis que nos ancêtres n'avaient pas atteint la haute fantaisie médicale des praticiens de l'Extrême-Orient : on peut voir par les notes que nous donnons ci-dessus, jusqu'à quel point il faut admettre cette opinion.

Comme on le voit, le plan de la Pharmacopée douaisienne diffère sensiblement de celui de la Pharmacopée lilloise. Dans celle-ci, l'influence de Lestiboudois avait fait donner une large part à la partie théorique qui est absolument négligée dans celle de Douai : de même, la partie chimique très importante dans la dernière se réduit à peu de choses dans la première. En revanche, la pharmacie galénique est exposée d'une manière plus complète et, grâce sans doute à de Lallaing et à Brisseau, elle comprend un bien plus grand nombre de préparations, très baroques parfois, il est vrai.

§ 6. — *Quelques Remèdes anciens.*

On sait quels singuliers remèdes, le plus souvent justifiés par des théories plus singulières encore, employaient les médecins d'autrefois. Tout a servi de remèdes, même les choses les plus répugnantes : du reste, la médecine populaire de notre époque en a gardé quelque chose, pour ne citer que les cataplasmes de vers de terre et les limaces à l'intérieur.

Comme plus ancien remède remarquable, nous voyons qu'en avril 1396, la duchesse de Bourgogne prenait des bains de bouillon de renard pour se guérir de la goutte (1). M. de Lamothe, dans sa Filleule du Baron des Adrets, attribue une médication semblable aux médecins du Dauphiné. C'était l'époque où, moyennant un carolus d'or, certains médecins examinaient chez eux l'urine qu'on leur apportait, et, suivant le résultat de leur inspection, donnaient une des trois ordonnances, pendues près d'eux à des crocs ; ces ordonnances prescrivaient une saignée, un clystère, ou une médecine « *de succo rosarum et diaccarthami* ». C'était aussi le temps où le vin blanc jouait un grand rôle, tant dans la médecine humaine que dans la vétérinaire (2).

---

(1) Archives départementales du Nord, B-1269.

(2) Juillet-Octobre 1371. — Iolende, dame de Cassel, mande à Jean le Smet, clerc, receveur de Warnêton, de délivrer au varlet Colinet du saindoux pour en graisser les jambes d'un roussin malade ; et une pinte de vin blanc par jour pour laver la jambe de l'autre cheval qui boîte, en y mettant un peu de graisse afin que le valet ne le boive, mais de ne dire mot de cela parce que les chevaux en souffriraient. (Arch. dép. du Nord. B-948).

Nous ne nous appesantirons pas sur la confection de la thériaque, de l'orviétan, du mithridate et du catholicon dont les formules se trouvaient partout et se ressemblaient très fort. On leur accordait, du reste, une haute importance, et c'étaient des remèdes de grande valeur...... pécuniaire, s'entend. En 1411 par exemple, le Magistrat de Bruges, voulant faire au comte de Namur un cadeau digne de ce personnage, lui offrait un pot de thériaque de Venise (1). Bien plus, en 1678, Jean Gagnier, apothicaire de Douai, recevait du Magistrat de cette ville une gratification de 100 florins pour avoir fait de la thériaque dans la Maison de Ville en présence des Échevins et du Collège des Médecins (2).

Les emplâtres mercuriels aux grenouilles et aux vers de terre, les huiles d'œufs, de scorpions, de lombrics terrestres et de crâne humain, l'eau de frais de grenouille (3) et le sirop de corail rouge sont plus remarquables sans doute par la singularité de l'idée que par leur efficacité thérapeutique.

L'esprit de lombrics (Spiritus Lumbricorum Magistralis) était paraît-il, merveilleux pour la toux et autres affections semblables. Après avoir écrasé une livre et demie de lombrics lavés, et huit livres de limaces écorchées dans un mortier, on les faisait macérer deux jours dans seize livres d'esprit de vin avec seize espèces de simples végétaux, deux onces de râpures de cornes de cerf et autant de râpures d'ivoire : puis on faisait distiller le tout.

L'eau antiphthisique et le vinaigre antipestilentiel méritent aussi une mention spéciale. Le premier produit s'obtenait en faisant distiller au bain-marie dans une cornue de verre neuf livres de lait de vache frais; deux livres de sang de veau très jeune ; des feuilles de lierre terrestre, de pulmonaire, de sanicle, de piloselle et de bugle, ainsi que des fleurs de pavot sauvage, de chaque deux poignées ; des figues grasses et des jujubes fraîches, de chaque trois onces et pour terminer, douze crabes de rivière vivants.

Le vinaigre antipestilentiel se fabriquait par la macération d'une poignée et demie de feuilles d'absinthe et d'autant de feuilles de rue,

---

(1) Analectes Médicaux de Bruges, par De Meyer, p. 75.
(2) Archives de Douai, CC-518.
(3) Aqua Spermatis Ranarum triduo ante novilunium collecti (Pharmacopée Douaisienne).

de lavande, de germandrée, de menthe et d'angélique dans quatre litres de vinaigre de vin très fort pendant trois jours sur des cendres chaudes ou aux rayons du soleil. Après expression des feuilles, on faisait dissoudre une once de camphre dans le liquide et on l'enfermait dans une fiole bien bouchée : avant de se servir de ce vinaigre qui n'était en fait qu'un vinaigre aromatique, il fallait le faire chauffer doucement.

Telles sont les préparations les plus singulières que nous avons relevées dans les Pharmacopées Lilloise et Douaisienne : en en lisant les formules, on pense involontairement (quelque irrévérencieuse que puisse être la comparaison pour nos vénérables ancêtres), à l'horrible cuisine des fantastiques sorcières de Macbeth.

Avant de terminer, nous voulons donner le prix que coûtaient en 1542 certains des médicaments, le plus fréquemment employés : les prix (1), calculés pour la livre de 16 onces alors en usage étaient :

Rhubarbe	18	livres	15	sols	0	deniers	soit	275	fr.
Manne de Calabre	4	»	10	»	0	»	»	66	»
Manne de Dauphiné	0	»	15	»	0	»	»	11	»
Aloès succotrin	0	»	15	»	0	»	»	11	»
Sené du Levant	0	»	15	»	0	»	»	11	»
Musc	150	»	0	»	0	»	»	2.200	»
Civette	90	»	0	»	0	»	»	1.320	»
Ambre gris	195	»	0	»	0	»	»	2.860	»
Licorne	30	»	0	»	0	»	»	440	»
Sang-dragon fin	1	»	17	»	6	»	»	27	50
Camphre	6	»	0	»	0	»	»	88	»
Roche de borax	3	»	0	»	0	»	»	44	»
Mirrhe	1	»	2	»	6	»	»	16	50
Benjoin	1	»	10	»	0	»	»	21	»

Étant donnés ces prix et connaissant la quantité de remèdes que l'on administrait autrefois, on ne s'étonnera nullement qu'en 1483 la reine Charlotte prenait dans l'espace de deux mois pour 105 livres (soit 3.150 fr.) de médecines et drogues diverses (2).

---

(1) Leber. — Appréciation de la Fortune privée au Moyen Age, p. 309.
(2) Ibidem, p. 54.

LILLE. — IMP. L. DANEL.

www.ingramcontent.com/pod-product-compliance
Lightning Source LLC
Chambersburg PA
CBHW060524050426
42451CB00009B/1154